感谢卜云博士为本书提供科学性把关和帮助

感谢上海市静安区科学技术协会的资助

神奇的大自然物种

大海雀、矛尾鱼、犰狳、西红柿

唐先华 杨旭 朱燕 金雯俐 ◎ 著

Tolypeutes tricinctu

复旦大学出版社

图书在版编目(CIP)数据

神奇的大自然物种:大海雀、矛尾鱼、犰狳、西红柿/唐先华等著.—上海:复旦大学出版社,
2019.10
ISBN 978-7-309-14579-3

Ⅰ.①神… Ⅱ.①唐… Ⅲ.①物种-少儿读物 Ⅳ.①Q111.2-49

中国版本图书馆 CIP 数据核字(2019)第 212773 号

神奇的大自然物种:大海雀、矛尾鱼、犰狳、西红柿
唐先华　等著
责任编辑/谢少卿

复旦大学出版社有限公司出版发行
上海市国权路 579 号　邮编:200433
网址:fupnet@fudanpress.com　http://www.fudanpress.com
门市零售:86-21-65642857　团体订购:86-21-65118853
外埠邮购:86-21-65109143
上海丽佳制版印刷有限公司

开本 787×1092　1/16　印张 7　字数 105 千
2019 年 10 月第 1 版第 1 次印刷

ISBN 978-7-309-14579-3/Q·110
定价:42.00 元

如有印装质量问题,请向复旦大学出版社有限公司发行部调换。
版权所有　侵权必究

目录

第一篇
北极也有"企鹅"吗?／1

第二篇
海中潜伏的精灵——矛尾鱼／31

第三篇
一个"球"引发的故事——犰狳／57

第四篇
"有毒的"西红柿／87

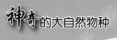

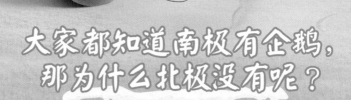

大家都知道南极有企鹅,那为什么北极没有呢?

第一篇　北极也有"企鹅"吗？

北极

可是北极真的没有企鹅吗？

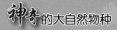

其实也不完全是，北半球曾经也存在过一种擅长游泳却不会飞的鸟类，长得和南极企鹅极其相似，那就是我们俗称的"北极大企鹅"——大海雀。

第一篇　北极也有"企鹅"吗？

大海雀的拉丁名：*Pinguinus impennis*，大家有没有发现它的属名 *Pinguinus* 和企鹅的英文 penguin 非常相似？

大海雀
Pinguinus　impennis

penguin　企鹅

我的名字叫
"penguin"

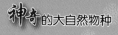

这是因为penguin这个名字最先就是属于大海雀的。

大海雀
Pinguinus impennis

penguin 企鹅

我才是真正的"penguin"！

第一篇 北极也有"企鹅"吗？

500多年前，欧洲的早期航海家们，在北极附近的一些岛屿上，发现了这种不会飞的水鸟，他们把它称作penguin。

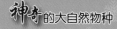

后来，航海家们又来到了南极的一些岛屿，居然又看到了"他们所熟悉的北极动物"，就想当然地以为这种动物分布在地球的两端，也称其为"penguin"。

也被称为"penguin"的企鹅

第一篇 北极也有"企鹅"吗？

那航海家们怎么会把企鹅误认为是大海雀呢？

我不是企鹅啊！

THE GREAT AUK (ALCA IMPENNIS).

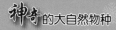

因为它们俩长得实在是太像了!
同样从后面看去是黑色,从前面看去是白色,有着两只小小的、不会飞的翅膀,个头也差不多大,胖胖的,走起路来都一摇一摆。

确实很像啊!

第一篇 北极也有"企鹅"吗？

那宛若双胞胎的大海雀和企鹅

是不是亲戚呢？

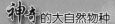

答案是否定的，大海雀属于鸻(héng)形目，而企鹅属于企鹅目，它们俩甚至连远亲都称不上呢。

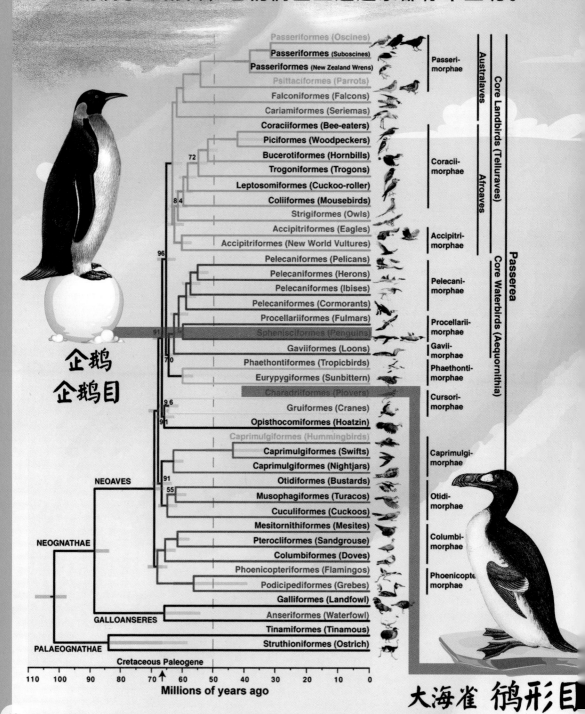

图片来源：Erich D. Jarvis, etc., Science 12 Dec 2014: Vol. 346, Issue 6215, pp. 1320-1331.

大海雀和企鹅为何长得如此相似呢？这在遗传学上称为趋同进化。

大海雀

企 鹅

趋同进化指的是不同的物种在进化过程中，由于适应相似的环境而呈现出表型上的相似性。

海 豚

印度枪鱼

比如说哺乳动物中的宽吻海豚和鱼类中的印度枪鱼，因为生活在相似的海水环境中而都产生了流线型外形、鳍状附肢、扁平的尾部等体态特征。

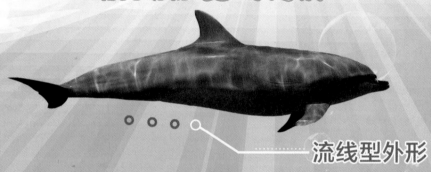

哺乳动物 **宽吻海豚**

流线型外形

鱼类 **印度枪鱼**

鳍状附肢

扁平的尾部

第一篇 北极也有"企鹅"吗？

ID
姓名：大海雀
住址：北大西洋岛屿

大海雀和企鹅也是如此。
大海雀生活在北大西洋的岛屿上，企鹅生活在南极大陆。

ID
姓名：企鹅
住址：南极大陆

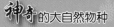

周围的海面下都有着丰富的鱼类和鳞虾资源,这些资源足以让它们过上衣食无忧的好日子,也就意味着不需要靠飞行来捕食。

丰富的鱼类和鳞虾资源

第一篇 北极也有"企鹅"吗?

美美哒
吃饱 喝足 晒太阳

另外,陆地和空中几乎没有它们的天敌,也不需要靠飞行来躲避天敌,因此飞行能力对其而言简直就是鸡肋般的存在,过于发达的翅膀甚至还会增加潜水时的阻力。

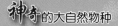

久而久之，它们就进化成如今我们熟悉的形象：纺锤形的身体在游泳时可以减少阻力，鳞状羽毛便于防水保温，前翅硬化呈桨状，适合划水，而脚蹼起着控制方向的作用。

脚蹼
控制方向

鳞状羽毛
便于防水保温

前翅硬化呈桨状
适合划水

纺锤形的身体
在游泳时可以减少阻力

第一篇 北极也有"企鹅"吗？

第一届鸟类游泳大赛

这些体态特征使得它成为鸟类中的游泳高手！

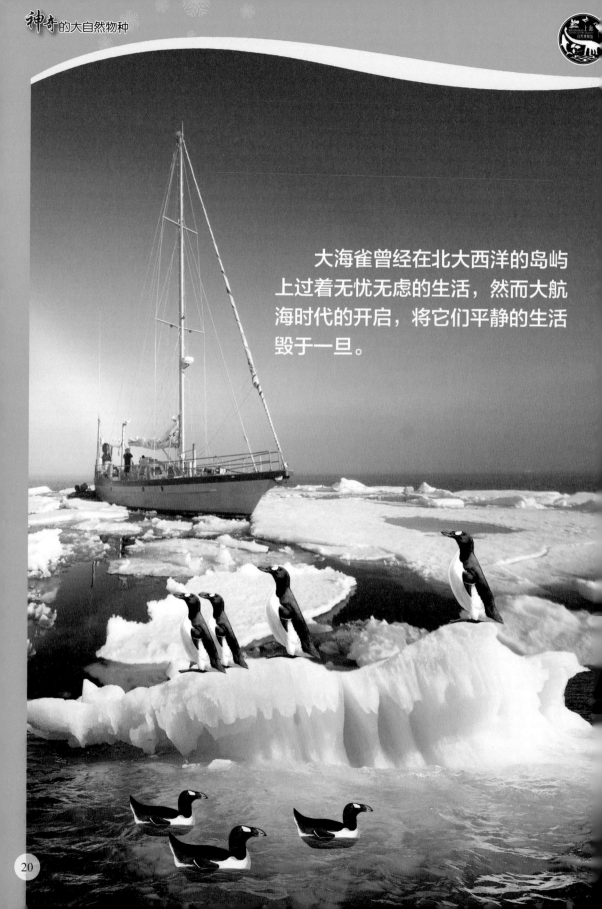

大海雀曾经在北大西洋的岛屿上过着无忧无虑的生活,然而大航海时代的开启,将它们平静的生活毁于一旦。

第一篇 北极也有"企鹅"吗?

行走的美食

对于饥肠辘辘的船员来讲,大海雀就是唾手可得的美食。

虽然大海雀高度适应海上生活，但必须要在陆地上进行繁殖，而它们在陆地上又毫无防御能力，甚至还一点都不怕人，几乎就是手到擒来。

人类从18世纪起对大海雀进行大量捕杀,对其栖息地造成巨大的破坏。而捕杀的动机也逐渐发生了改变,从原先的获取食物转化成获取皮毛,更是将大海雀推向了灭绝之路,成千上万的大海雀被活活烫死,羽毛被拔下制作成床垫或者帽子。

帽子

床垫

南 极

当航海家们在南极欣喜欢呼着发现"企鹅"的时候，北极的这种同名鸟类正在遭受灭顶之灾。

北 极

第一篇 北极也有"企鹅"吗?

1844年7月3日,在冰岛附近的Eldey岛屿上,最后一对大海雀在孵蛋期间被杀害,正在孵化的蛋被踩碎,大海雀宣布灭绝。

宣布灭绝

自此，penguin的名字正式让给在南极发现的这种"企鹅"，而最早被称为penguin的已灭绝的北极大鸟，后来被称作大海雀（great auk）。

《 大海雀 great auk 》

《 企鹅 penguin 》

第一篇 北极也有"企鹅"吗?

1844年7月3日
大海雀灭绝

大海雀的故事讲完了,但它给我们留下的是深刻的反省。

地球上已经历了五次生物大灭绝,而由于人类活动的影响,物种灭绝速度比自然灭绝速度快了1000倍,地球很有可能正在进入第六次大灭绝时期。

第一次	第二次	第三次	第四次	第五次

发生时间:距今4.4亿年前的奥陶纪末期	发生时间:距今约3.65亿年前的泥盆纪后期	发生时间:距今约2.5亿年前的二叠纪末期	发生时间:距今约1.85亿年前的三叠纪末期	发生时间:距今约6500万年前的白垩纪末期
后果:约有85%的物种灭绝	后果:海洋生物遭到重创	后果:96%的物种灭绝,其中90%的海洋生物和70%的陆地脊椎动物灭绝	后果:海洋生物大量灭绝,牙形石类全部灭绝	后果:统治地球达1.6亿年的恐龙灭绝

已灭绝动物:渡渡鸟

第一篇 北极也有"企鹅"吗？

我们已经永远失去了"北极大企鹅"，而同样生活在北极的北极熊，目前的生存状态也岌岌可危，它们也会消失吗？

考考你

1. penguin这个单词最初指的是企鹅吗?

_____

2. 企鹅和大海雀在外形上有哪些相似的地方?

_____

3. 大海雀是（　　）高手?

　　A.飞行　　　B.爬行　　　C.游泳

4. 大海雀是什么时候灭绝的?

_____

5. 大海雀的灭绝给你带来了哪些启示?

_____

第二篇 海中潜伏的精灵——矛尾鱼

生命不息，变幻莫测。在地球演化的历史长河中，经历了多次的沧海桑田、地质变迁。恐龙、三叶虫等很多物种都灭绝了。

三叶虫化石

第二篇 海中潜伏的精灵——矛尾鱼

如今地球上依然有些古老物种，历经数亿年的时间，繁衍生存延续至今，比如中国鲎（hòu）、鹦鹉螺、扬子鳄……它们都是现存的"活化石"。

而在大海的深处还有一种"活化石"鱼，它就是矛尾鱼。

惊奇档案

中文名：矛尾鱼
别称：拉蒂迈鱼
拉丁名：Latimeria chalumnae
出现时间：距今4亿—3.6亿年前（泥盆纪中期）
产地：非洲
状态：极度濒危

矛尾鱼，又叫拉蒂迈鱼，这两个名字的来历都非常有意思。

第二篇 海中潜伏的精灵——矛尾鱼

让我们将时间拉回到
1938年12月22日。

神奇的大自然物种

那天上午，南非东伦敦市博物馆馆长拉蒂迈（M. C. Latimer）女士的电话突然响起，电话是渔船船长Goosen打来的。

HELLO

第二篇 海中潜伏的精灵——矛尾鱼

一条"怪鱼"呈现在面前：鱼体长约1米，体表粗糙，全身密布椭圆形的鳞片，鱼鳍肥厚，鱼的头部长着两只大大的眼睛，口中牙齿尖锐，面露凶色。

神奇的大自然物种

经验告诉她,这是一个神奇的生物。于是如获至宝,拉蒂迈将"怪鱼"带回了博物馆。可惜,她查阅了很多参考资料后,仍旧得不到关于此鱼的确切信息。

12月正值南半球的夏季，天气非常炎热，用福尔马林溶液对鱼体的简单处理，终究没有让"怪鱼"逃脱腐烂的厄运。无奈之下，拉蒂迈女士只能找专家将鱼皮制成了剥制标本，余下的部分丢进了垃圾箱。

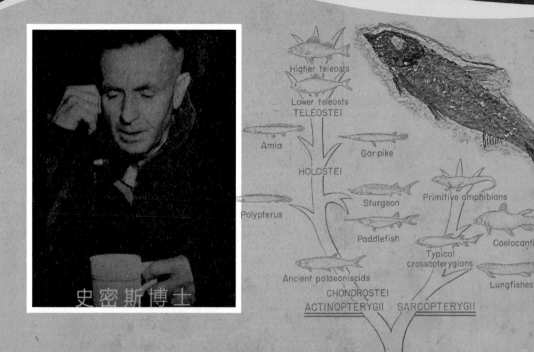

著名鱼类学家史密斯博士对"怪鱼"鱼皮的剥制标本进行了鉴定，他激动地说："我一直认为，自然界的某些地方会莫名其妙地出现一种非常原始的鱼类。"千呼万唤始出来，没想到终于出现了！

于是，史密斯博士按照双名法将"怪鱼"定名为 Latimeria chalumnae，作为该物种的拉丁名。

Latimeria chalumnae

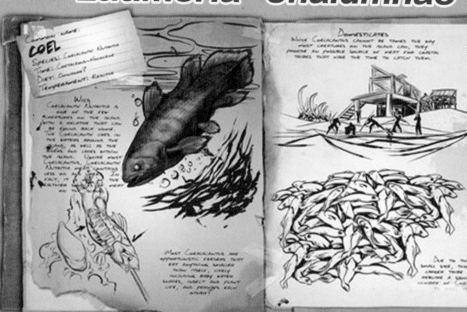

Latimeria是属名,是博物馆馆长Latimer女士姓氏的拉丁名;种名chalumnae,是当地一条河流的名称——查朗那河。此后,该名称一直沿用至今,因此"怪鱼"也被称为拉蒂迈鱼。

Latimeria chalumnae
拉蒂迈鱼

查朗那河

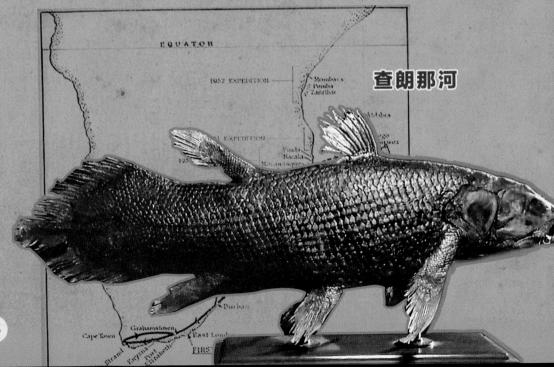

"矛尾鱼"一词又是如何而来的呢？

矛尾鱼
Latimeria chalumnae
拉蒂迈鱼

这一名称的由来就和鱼的身形有关系了。由于这种鱼的尾鳍极有特色，分为三叶，上叶和下叶之间，沿着体轴的中线，还有一个附加的小叶，整个尾鳍形如矛状，所以，又得名"矛尾鱼"。

神奇的大自然物种

瑞士博物学家 阿加西斯
(Agassiz, Jeam Louis Rodolphe)

矛尾鱼
Latimeria chalumnae
总鳍鱼家族中唯一现存的腔棘鱼类

矛尾鱼，是总鳍鱼家族中唯一现存的腔棘鱼类。1836年，瑞士博物学家阿加西斯就曾经在地层里发现过腔棘鱼类的化石。

3.5亿年前
总鳍鱼类非常繁盛

此后,通过对化石的研究发现,3.5亿年前总鳍鱼类非常繁盛,但是在白垩纪时期之后,再也没有发现过它们的踪迹。致使科学家们一直认为,总鳍鱼类在6500万年前甚至更早的时候就已灭绝。因此,南非东伦敦市发现的矛尾鱼活体着实震惊了世界!

神奇的大自然物种

上海 SHANGHAI NATURAL HISTORY MUSEUM 自然博物馆

赠送标本

科摩罗

继1938年的首次惊喜发现后，古生物学家、鱼类学家、探险家们从未停止过对矛尾鱼的探索，迄今为止在非洲科摩罗海域又先后发现近200尾。科摩罗政府赠送了四条珍贵的矛尾鱼标本给我国，其中一条就保存在上海自然博物馆。

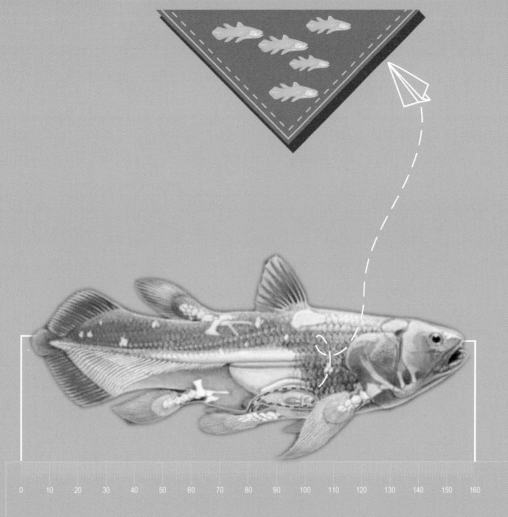

随着科学研究的不断深入，科学家们还发现，矛尾鱼是卵胎生鱼类。通过对一条体长1.6米的雌性矛尾鱼的解剖发现，它的右侧输卵管内有5条30厘米左右长的幼鱼。

第二篇 海中潜伏的精灵——矛尾鱼

这样一条又大又长的鱼，远古时候它们在海中是如何躲避天敌的呢？

为什么仅在非洲附近海域发现矛尾鱼的踪迹呢？

关于矛尾鱼有太多的疑问，等待着爱好科学的你我来共同揭开层层迷雾。

 考考你

1. 矛尾鱼的拉丁名 *Latimeria chalumnae* 中，*Latimeria* 是该物种的 _____？
   A. 科名　　B. 属名　　C. 种名　　D. 地名

2. 矛尾鱼最早是在哪个国家附近的海域被发现的？
   A. 印度　　B. 埃及　　C. 南非　　D. 澳大利亚

3. 矛尾鱼属于何种鱼类？
   A. 卵生　　B. 胎生　　C. 卵胎生　　D. 以上都可以

4. Latimer 女士找专家将鱼皮制成了什么类型的标本？
   A. 剥制标本　　　　B. 浸制标本
   C. 干制标本　　　　D. 冻干标本

5. 矛尾鱼距今约 4 亿年前就已经出现在地球上了，那时正处于什么时期？
   A. 石炭纪　　　　B. 白垩纪
   C. 泥盆纪　　　　D. 寒武纪

第三篇
一个"球"引发的故事
——犰狳

第三篇 一个"球"引发的故事——犰狳

来到上海自然博物馆，我们看到各种各样不同形态的生物标本或图片。

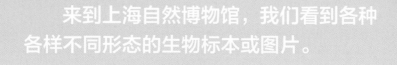

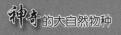

你们知道哪些动物遇到危险时能将身体卷成球状？

第三篇 一个"球"引发的故事——犰狳

刺猬？穿山甲？西瓜虫？
没错，它们都有这样的本领。

刺猬　　穿山甲

西瓜虫

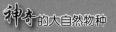

但是这次的主角，却是另外一种"球"：
巴西三带犰狳！

BRAZIL

第三篇 一个"球"引发的故事——犰狳

它是2014年巴西男足世界杯的吉祥物。

巴西三带犰狳有个特别的本领：遇到危险会把自己从头到尾卷起来。你看它像不像一个球？

犰狳滚成球状，可以保护它脆弱的腹部，使得敌人无处下口而获得逃生的机会。

巴西三带犰狳作为巴西的特有物种，再加上也拥有"将全身卷成完整球"的技能，使它顺利当选为吉祥物，并被命名为Fuleco，中文名为"福来哥"。

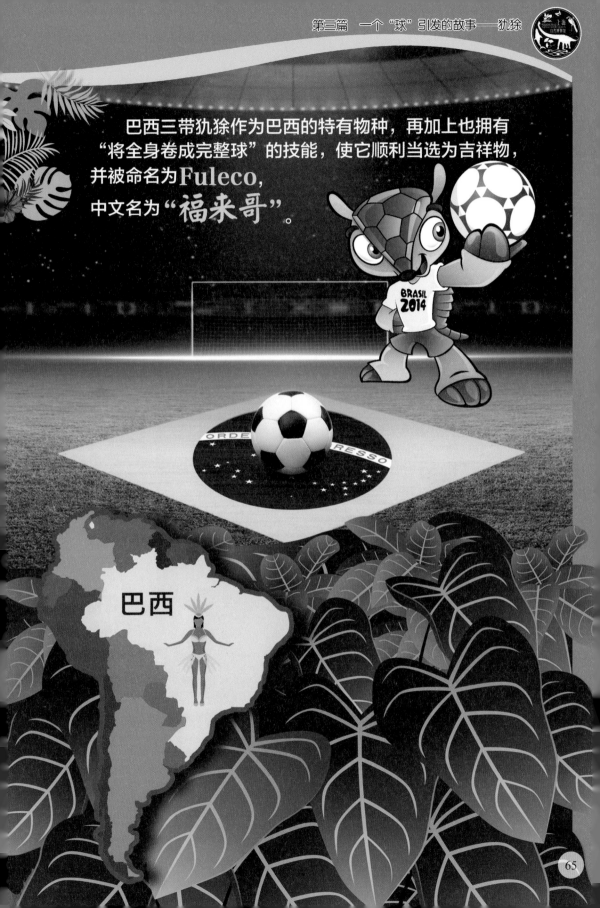

Futebol（足球） + **Ecologia**（生态） = **Fuleco**

Fuleco这一名字，取自于葡萄牙语中足球和生态这两个单词，也传递了足球运动要与环境保护相结合的理念。

第三篇 一个"球"引发的故事——犰狳

巴西三带犰狳

让我们来数一数犰狳身上的鳞甲带吧！
(图中高亮部分)

巴西三带犰狳与其他犰狳的背甲有何区别？

上海自然博物馆展出的
九带犰狳

神奇的大自然物种

巴西三带犰狳拉丁名 **Tolypeutes tricinctu** 的主要由来：

Tolypeutes的意思是三带犰狳属，而tricinctu是拉丁语中tri(三)和cinctu(边轮)这两个词的组合。

巴西三带犰狳

三带犰狳属

Tolypeutes tricinctu

tri 三
cinctu 边轮

哇哦，原来是这样！

第三篇 一个"球"引发的故事——犰狳

除了拉丁名，犰狳的英文名armadillo也很有意思。这个单词来自西班牙语，本义就是"戴甲胄的人"。

"戴甲胄的人"

armadillo

巴西三带犰狳

全身鳞状铠甲
使得它们宛如穿着铠甲的勇士。
于是当西班牙人在新大陆见到它们时,
就赋予了它们"小盔甲士"的称呼。

"小盔甲士"

巴西三带犰狳

第三篇 一个"球"引发的故事——犰狳

犰狳现在主要生活在中美和南美地区，
所以中国是没有这一物种的。
那么它的中文名又从何而来？

中文名
从何而来？

巴西三带犰狳

神奇的大自然物种

qiú　　　　　yú

让我们重新来认识下"犰狳"这两个字。
你读对了吗？

第三篇 一个"球"引发的故事——犰狳

qiú　　　yú
犰　　狳

犰狳这个词其实来源已久，源自《山海经》中的一种上古神兽。

山海经
志怪古籍

一部充满着神奇色彩的著作

蕴藏丰富

巫觋、方士之书

民间传说中的地理知识、山川、道里、民族、物产、药物、祭祀、巫医

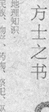

神奇的大自然物种

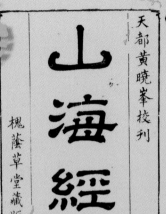

天都黃曉峯校刊
山海經
槐蔭草堂藏版

《山海经》是我国的志怪古籍，夸父追日、女娲补天、精卫填海、大禹治水等大家耳熟能详的远古神话故事均出自于此。

夸父追日　女娲补天
精卫填海　大禹治水

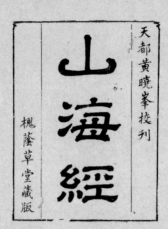

关于犰狳，在《山海经·东山经》中有这样一段描述：

《山海经·东山经》

又南三百八十里，曰余峨之山，其上多梓楠，其下多荆杞。杂余之水出焉，东流注于黄水。有兽焉，其状如菟而鸟喙，鸱目蛇尾，见人则眠，名曰犰狳，其鸣自訆，见则螽螳为败。

神奇的大自然物种

山海經

天都黃曉峯校刊
槐蔭草堂藏版

讲述的是树木茂密的余峨山上有一种野兽，形状大体上像兔子，嘴巴微微像鸟类，有着同鹞鹰一般的眼睛和蛇一样的长尾巴。

《山海经·东山经》

> 又南三百八十里，曰余峨之山，其上多梓楠，其下多荆杞。杂余之水出焉，东流注于黄水。有兽焉，其状如菟而鸟喙，鸱目蛇尾，见人则眠，名曰犰狳，其鸣自訆，见则螽蝗为败。

犰狳

第三篇 一个"球"引发的故事——犰狳

山海经

天都黄晓峯校刊

槐簃草堂藏版

它一看见人就躺下装死，
名称是犰狳，
发出的叫声便是它自身名称的读音，
它一出现就会有蠡斯蝗虫出现，为害庄稼。

《山海经·东山经》

又南三百八十里，
曰余峨之山，其上多梓楠，
其下多荆杞。
杂余之水出焉，
东流注于黄水。
有兽焉，
其状如菟而鸟喙，
鸱目蛇尾，
见人则眠，
名曰犰狳，
其鸣自訆，
见则蠡螽为败。

77

《山海经》被认为创作于战国中后期至汉代初中期之间,而直到1492年哥伦布才发现美洲大陆。照理说中国的古人绝不可能见过这种美洲特有的动物。

战国中后期至汉代初中期

1492年,哥伦布发现美洲大陆

然而令人震惊的是，
这种被认为是中国古人幻想出来的异兽，
居然和美洲地区的armadillo如出一辙。

犰狳复原图

armadillo

犰狳复原图　　armadillo

你看，armadillo也是体形像兔子，长嘴，蛇尾，见到人就蜷成一团。

因此，动物学家就用犰狳这个词来用作armadillo的中文名。直接借用古籍中的名称，也避免了重新用词的麻烦。

犰 狳
armadillo

说到这里,犰狳的故事并未结束。由于《山海经》对犰狳的描述如此神似,不禁让人怀疑当时的古人是否真的去过美洲呢?

古人不可能见过犰狳吧?
咦?好神奇!

美洲大陆

几近退色的记录
——关于中国人到达美洲探险的两份古代文献

美国女学者
亨莉埃特·默茨

美国女学者亨莉埃特·默茨（Henrietta Mertz）就对此进行了细致的考证，并在亲自踏勘美洲的山川河流之后，认为《山海经·东山经》所描述的其实是北美到南美的地理山水，并且中国人早在4000多年前就来到美洲进行探险了。

神奇的大自然物种

犰狳

如此说来，《山海经》就不仅仅是神话故事集，而更是一部世界地理专著，上古神兽犰狳也不再是虚幻的形象，而真的是美洲的犰狳了。

山海經
槐蔭草堂藏版

山海經序
晉記室參軍郭璞撰

世之覽山海經者皆以其閎誕迂誇多奇怪俶儻之言莫不疑焉嘗試論之曰莊生有云人之所知莫若其所不知吾於山海經見之矣夫以宇宙之寥廓羣生之紛紜陰陽之煦蒸萬殊之區分精氣渾淆自相濆薄遊魂靈怪觸象而構流形於山川麗狀於木石者惡可勝言乎然則總其所以乖鼓之於一響成其所以變混之於一象世之所謂異未知其所以異世之所謂不異未知其所以不異何者物不自異待我而後異異果在我非物異也故胡人見布而疑黂越人見罽而駭毳蓋

山海經第一
南山經
晉郭璞傳

南山經之首曰䧿山其首曰招搖之山臨于西海之上多桂多金玉有草焉其狀如韭而青花其名曰祝餘食之不飢有木焉其狀如榖而黑理其花四照其名曰迷榖佩之不迷有

第三篇 一个"球"引发的故事——犰狳

那么此"犰狳"到底是不是彼"犰狳"呢?这就有待更详细的研究论证了。

犰狳

 **考考你**

1. 2014年巴西世界杯的吉祥物是什么?
   A.九带犰狳　　B.穿山甲
   C.刺猬　　　　D.巴西三带犰狳

2. 请标注出犰狳的拼音。
   犰狳 _____

3. 以下哪个故事不是出自《山海经》?
   A.夸父追日　　B.精卫填海
   C.大禹治水　　D.孔融让梨

4. 哥伦布在什么时候发现了新大陆?
   A.1392年　　B.1429年
   C.1492年　　D.1529年

5. 你认为美洲犰狳和《山海经》中的犰狳是同一种生物吗?
   请说说你的理由。
   _____
   _____

第四篇 「有毒的」西红柿

有一种语言，
在广大地区、众多民族
和国家中长盛不衰达两千年；
有一种语言，
为今天的人类留下了丰富的文化遗产。

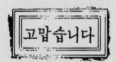

它就是

拉丁语。
Lingua Latīna

第四篇 "有毒的"西红柿

在古代，拉丁语是地中海世界的罗马帝国的官方语言，是中世纪欧洲的国际通用语。

罗马

拉丁语
Lingua Latina

今日，拉丁语仍然在医学、动物学、植物学、生理学、化学、天文学等学科的一定范围内使用。

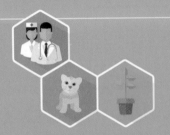

拉丁语
Lingua Latīna

静脉注射	Hypodermatica
雌性的	Femineus
银连花属	Anemone,es,f.
仙女座	Andromeda
钾	Kalium
大肠杆菌	Escherichia coli

这是因为拉丁语早已脱离了口语，不再变化，故用它来标记众多的专业词汇、术语，使书面和语音形式都固定，不会引起歧义。

拉丁语
Lingua Latīna

脱离口语 | 不再变化 | 不会引起歧义

羧 酸	CH3CO-O-CO-C2H5
茯 苓	Wolfiporia extensa (Peck) Ginns
皮 试	Cutis testis

拉丁语
Lingua Latīna

以植物学为例,在国际植物命名法中,规定以双名法作为植物学名的命名法。

国际植物命名法规
International Code of Nomenclature

双名法

双名法是用两个拉丁字或拉丁化的字作为植物的学名。也就是，一个植物学名由属名（多为名词）+种名（多为形容词）组成，其中属名第一个字母应大写。而完整的学名，还要求在双名之后附上命名人的姓氏以及定名年代。

今天，就来说说，我们熟悉的

西红柿

西红柿
Solanum lycopersicum

茄属的属名

"狼" [*lyco*]
"桃" [*persicon*]

卡尔·冯·林奈

18世纪中叶的瑞典博物学家——林奈,将西红柿命名为 *Solanum lycopersicum*。西红柿属于茄属,*Solanum* 是茄属的属名,*lycopersicum* 是由古希腊语 "狼"(*lyco*)和 "桃"(*persicon*)两个词根拼合而成。

狼桃

WOLF PFIRSICH

为什么西红柿被叫作狼桃呢？其实，西红柿拉丁名称的由来有很多有趣的故事。

第四篇 "有毒的"西红柿

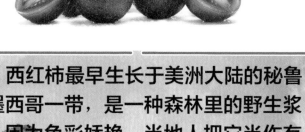

　　西红柿最早生长于美洲大陆的秘鲁和墨西哥一带,是一种森林里的野生浆果。因为色彩娇艳,当地人把它当作有毒的果子,只用来观赏,无人敢食。

据记载，16世纪，英国有位名叫俄罗达拉的公爵在南美洲旅游，很喜欢西红柿这种观赏植物，于是如获至宝一般将它带回英国，作为礼物献给了伊丽莎白女王以表达敬意。

第四篇 "有毒的"西红柿

1597年的时候，英国医生杰拉尔德（J. Gerard）出版了著作《大本草》，在书中他声称西红柿有毒，不能食用。由于此书文笔流畅、通俗易懂，《大本草》成为一部影响力很大的著作，导致"西红柿有毒"也成了一个美丽的误会。

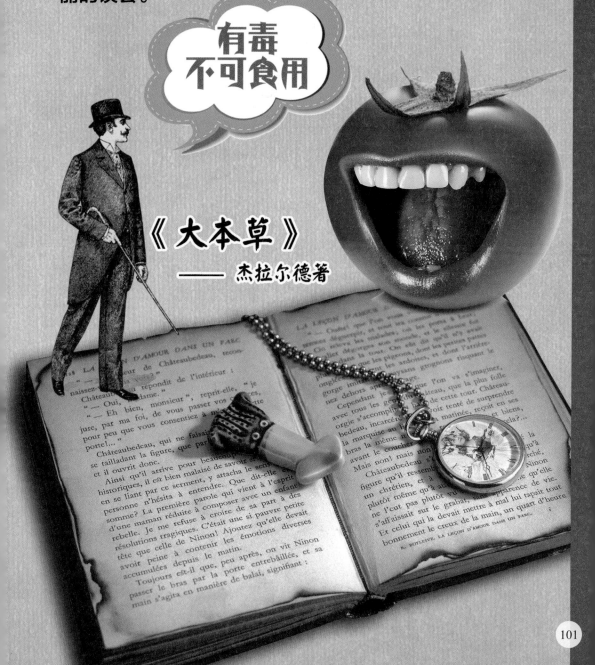

有毒不可食用

《大本草》
——杰拉尔德著

而欧洲本土有种野生茄科植物——颠茄，外形很像西红柿，但是有剧毒。传说，古代的巫师会用颠茄的果实把人变成狼，欧洲人于是把西红柿和这个古老的传说联系起来，给它起名为"狼桃"。此后，流言四起，甚至还流传着西红柿会致癌的说法。

"狼桃"

第四篇 "有毒的" 西红柿

狼桃
wolfpfirsich

很多年过去了，
仍然没有人敢吃西红柿。

到了17世纪，有一位法国画家多次描绘西红柿后，面对这样美丽、可爱而"有毒"的浆果，实在抵挡不住它的诱惑，于是想要亲口尝一尝它的味道。他冒着生命危险吃了一个，觉得甜甜的、酸酸的。然而，躺到床上等死的他居然没事。于是，西红柿无毒、可以吃的消息迅速传遍了全世界。

第四篇 "有毒的" 西红柿

从那以后,全球上亿人均开始安心享受这位"敢为天下先"的勇士冒死而带来的口福,大家发现西红柿不仅无毒,而且酸甜可口。从此,西红柿博得了众人之爱,被誉为红色果、爱情果。

在中国，西红柿因为是个外来物种，又属于茄科，所以有了"番茄"之名，或者也被写成"蕃茄"。

"蕃茄"

你看，自然界中的我们，虽然平凡，但如果充满勇气，敢于尝试，有理想和耐心，小小的力量也可变成大大的光和热。

 考考你

1. 《国际植物命名法规》以双名法作为植物学名的命名方法。双名法的创始人是谁？
   A. 布封　　B. 达尔文
   C. 林奈　　D. 亚里士多德

2. 一种植物完整的拉丁名一般由多个部分组成，其中不包括 _____？
   A. 科名　　B. 属名
   C. 种名　　D. 命名年代

3. 16世纪的时候"西红柿"被叫作？
   A. 爱情果　B. 狼桃
   C. 情人　　D. 颠茄

MA-MA MЫ-ЛA PA-MY

4. 西红柿原产于哪个洲？
   A. 大洋洲
   B. 欧洲
   C. 南美洲
   D. 亚洲

5. 你觉得，还有哪些植物属于外来物种？请举例：
   _____
   _____